Kurvenradien	400 m
Schienen	Keilkopfschienen
Schienenbefestigung	KS-Oberbau
Antriebsart	je ein Drehstrom- Asynchronmotor über Kupplung-Getriebe-Kupplung auf je eine Antriebsscheibe wirkend
Antriebsmotoren	2 Stück Drehstrom-Asynchronmotoren, Nennleistung 2 x 110 kW, Nenndrehzahl 935 min-1

[illegible]

Antriel

Nennl

Spitze

Spitze

Antriebsleistungen im Sonderfall:

Nennleistung (bei v = 1.0 m/s)	90 kW
Spitzenleistung statisch (bei v = 1.0 m/s)	115 kW
Spitzenleistung anfahren (bei v = 1.0 m/s)	150 kW
Seildurchmesser	40 mm
Drehzahl Antriebsscheibe (bei v = 1.6 m/s)	7.64 min-1
Drehzahl Antriebsmotor (bei v = 1.6 m/s)	934.61 min-1

Fortsetzung ➡

Günter Kretzschmar

Thüringer Bergbahn – Die Oberweißbacher Bergbahn

Rhino Westentaschen-Bibliothek
Band 91

Günter Kretzschmar

Thüringer Bergbahn

Die Oberweißbacher Bergbahn

RHINOVERLAG

Trotz gewissenhafter Bearbeitung kann eine Haftung für den Inhalt nicht übernommen werden. Für aktuelle Ergänzungen und Anregungen ist der Verlag jederzeit dankbar. Wir bedanken uns bei allen, die uns unterstützt haben.

Fotos: Günter Kretzschmar, außer Seiten 2, 24, 25, 27, 44, 55, 57, 92: Mario Ehrlich; Seiten 21, 22, 26, 29, 31, 41, 84, 86: Sammlung Michael Kurth, Oberweißbacher Berg- und Schwarzatalbahn; Seite 42: Helmut Sangmeister; Seiten 43, 79, 80: Rainer Albrecht; Seiten 85, 87: Hans Schubert; Seite 93: Jens Reinhold; Seiten 13, 82: Sammlung Jens Karkuschke; Seite 15: Sammlung Kiesewetter; Seite 11: Die Entstehung der Oberweißbacher Bergbahn; von Professor Dr. Ing. Bäseler, 1968/OBS; Seite 19: Verlag Henkel, Sammlung Matthias Geist; Seiten 17, 23, 33, 56: Sammlung Oberweißbacher Berg- und Schwarzatalbahn; Seiten 32, 35: Die Oberweißbacher Bergbahn, Verlag R. Schmerbach, Oberweißbach; Ing. Timpe 1924, Betriebsleiter und Vorstand der Oberweißbacher Bergbahn A.G., OBS; Seiten 54, 69: Oberweißbacher Berg- und Schwarzatalbahn, Fotograf Szyszka

Impressum

Am Hang 27, 98693 Ilmenau
Tel.: 03677 / 46628-0, Fax: 03677 / 46628-80
www.RhinoVerlag.de

Titelbild: Rainer Albrecht
Layout, Satz: Ute Schmidt, Geraberg
Schrift: Baskerville
Titelgestaltung: Jana Rogge, Weimar

1. Auflage 2022

ISBN: 978-3-95560-091-4

Einleitung

Die Thüringer Bergbahn

Die Thüringer Bergbahn, mit der einzigen Standseilbahn Thüringens ist auch weithin bekannt als Oberweißbacher Bergbahn. Beschrieben wird eine einzigartige Eisenbahnstrecke mit einer Länge von rund 4 km und einer Steigung von maximal 25 %. Diese Steigung ist für normale Eisenbahnen unüberwindlich, deshalb ist eine Standseilbahn zum Transport von Eisenbahnfahrzeugen Bestandteil der Strecke. Diese ist eingegliedert, wie bei anderen Eisenbahnen die Drehscheiben oder Schiebebühnen – eine technische Anlage als Teil der Bahnanlage. Daraus resultieren zahlreiche Besonderheiten für Errichtung, Betrieb, Vorschriften, Aufsichtsbehörden und Möglichkeiten der Umgestaltung.

Geographische Lage

Im südlichen Thüringen, zwischen Ilmenau und Saalfeld, liegt das Schwarzatal. Die Schwarza fließt zwischen Bad Blankenburg und Katzhütte, tief eingeschnitten zwischen Erhebungen, die beidseitig mehr als 300 m höher und bewohnt sind. Speziell die Bergregion mit den Orten Lichtenhain, Oberweißbach,

Cursdorf und Deesbach ist umgeben von tiefen Tälern, was in früheren Zeiten ein großes Problem für Handel und Versorgung war.

Weshalb eine Bergbahn bauen?

Im Jahr 1900 wurde eine Eisenbahnstrecke in Betrieb genommen, die abzweigend von der Bahnstrecke Arnstadt–Saalfeld in Rottenbach beginnt, bei Schwarzburg in das Schwarzatal eintaucht, entlang der Schwarza bis nach Katzhütte führt und dort endet. Die Inbetriebnahme dieser Eisenbahnstrecke hatte Folgen für die damit erschlossenen Orte, wie Schwarzburg, Sitzendorf, Mellenbach, Meuselbach-Schwarzmühle und Katzhütte. Industrie und Handwerk siedelten sich an, Handel und Tourismus begann sich zu entwickeln. Die Einwohner profitierten davon, sie waren an die große Welt angeschlossen. Anders die „auf dem Berg“ gelegenen Gemeinden Lichtenhain, Oberweißbach, Cursdorf und Deesbach. Diese waren als „Notstandsgebiet“ eingestuft, die Landwirtschaft war hier wenig ertragreich. Für Industrie und Handel war der nächst mögliche Bahnhof mehr als 300 m tiefer in Sitzendorf und das bei schlecht befestigten Straßen mit 12% und 16% Steigung. Transporte per Kuh-

und Pferdewagen waren kostspielig und langwierig, da nur geringe Ladung befördert werden konnte. Eine Lokomobile aus Sitzendorf war dabei das schwerste Zugmittel. Im Winter konnte zeitweise überhaupt nichts transportiert werden, weshalb angelieferte Waren notgedrungen in Sitzendorf versteigert wurden, um den Schaden zu begrenzen. Viele Arbeitslose, lange mühsame Wege zur Arbeit und Not waren der Gegensatz zum Aufschwung im Schwarzatal. Abhilfe musste her. 1919 wurde ein Antrag bei der Eisenbahn-

---

1919 waren Kuhgespanne üblich

direktion Erfurt gestellt, um die Bergregion mit einer Eisenbahnstrecke zu erschließen. Für Bau und Betrieb wurde die Oberweißbacher Bergbahn-Aktiengesellschaft gegründet.

Genehmigung zum Bau

Verschiedenste Planungen wurden in Auftrag gegeben, was zu sechs Varianten führte. Fünf davon als Reibungsbahn mit unterschiedlichen Verläufen und einer Zahnradbahn. All diese Varianten waren zu teuer oder erschienen undurchführbar. Der bei der Erfurter Eisenbahndirektion angestellte Dr. Ingenieur Wolfgang

Bäseler (1888–1984) war mit der Planung beauftragt und wollte nicht aufgeben. Er suchte weiter nach einer ungewöhnlichen Lösung für diese schwierige Situation. Inspiriert von den zahlreichen Standseilbahnen in der Schweiz, sah er darin eine Lösung die Berggemeinden zu erschließen. So wurde auf Grundlage seiner Planung die Genehmigung beantragt, die am 27. August 1921 vom Reichsverkehrsminister in Berlin erteilt wurde:

„Genehmigungsurkunde
Der Oberweißbacher Bergbahn Aktiengesellschaft in Oberweißbach, …, wird zur Herstellung und **zum Betrieb einer Eisenbahn***, die von einem geeigneten Punkt der Schwarzatalbahn Rottenbach – Katzhütte abzweigt, mit Steilrampe die Höhe erklimmt und durch Bahnhöfe für die genannten Gemeinden dem Personen – und Güterverkehr dieser Orte und ihrer Umgebung dienen soll, unter nachstehenden Bedingungen die Genehmigung erteilt: …*
§2 Die Bahn ist abgesehen von der Steilrampe, mit einer Spurweite von 1,435 m nach den „Bau- und Betriebsvorschriften für nebenbahnähnliche Kleinbahnen mit Maschinenbetrieb in Preussen vom 15. Januar 1914“ zu erbauen und zu betreiben. …“
(Auszug aus der Genehmigungsurkunde vom 11. August 1919)

Bau der beiden Teile der Bergbahn

Die Flachstrecke

Nach den Plänen Dr. Ing. Bäselers wird die Bergbahn in zwei Teilen gebaut, eine Steilstrecke als Standseilbahn und eine Flachstrecke auf dem „Berg" zwischen Lichtenhain und Cursdorf. Begonnen wurde mit der Flachstrecke, da hier vermeintlich einfache Verhältnisse herrschten. Das Problem war nur, es herrschte Inflation und nach der Niederlage im Ersten Weltkrieg hatte Deutschland umfangreiche Reparationen zu leis-

Der ET188 531 ist 1922 geliefert

ten. Dr. Bäseler löste die Probleme auf seine Weise. Er vereinbarte Festpreise und sparte, wo es nur ging. Die Schienen für die 2,5 km lange Flachstrecke kaufte er als Schrott, um den Preis, dass dreizehn verschiedene Schienenprofile zu einem Gleis verbunden werden mussten. Die Holzschwellen wurden aus örtlich vorhandenen Fichten hergestellt, mit absehbar geringer Haltbarkeit. Den Schotter fürs Gleis gewann man in einem Steinbruch in Oberweißbach. Davon zeugt heute noch die Steinbruchkurve. Als Antrieb für die Fahrzeuge der Flachstrecke wurde Elektroenergie gewählt, 500 Volt Gleichstrom aus der Fahrleitung, da bei Dampfbetrieb die benötigte Kohle für die Lokomotiven auch mit der Bergbahn heraufgeschafft werden müsste. Das ginge dem verfügbaren Transportvolumen verloren, mit dem man ja Geld verdienen will. Die Fahrleitung wurde aus Stahldraht gefertigt und mit kurzen Auslegern an Fichtenholzmasten befestigt. Darum mussten die Stromabnehmer an den Fahrzeugen der Flachstrecke außermittig angebracht werden. Die Fahrzeuge konnten nicht gedreht werden. Einseitige Abnutzung war die Folge. Zu Beginn wurde ein Triebwagen bei der Waggonfabrik Gotha bestellt, der gleichzeitig Personen befördern und angehängte Güterwagen transportieren konnte. Im Laufe der Zeit wurde die Flachstrecke auf eisenbahnübliche Materialien umgerüstet.

Die Stationen Oberweißbach und Cursdorf erhielten jeweils ein Ladegleis, einen Güterschuppen, sowie ein kleines Stationsgebäude mit Warte- und Dienstraum. Alle Stationen waren besetzt und per Fernsprecher mit Lichtenhain verbunden, dem Zentrum der Strecke.

Rangieren in Cursdorf

Die Steilstrecke

Die Steilstrecke musste die Verbindung zwischen der Schwarzatalbahn, Rottenbach–Katzhütte und der auf dem Berg liegenden Flachstrecke der Bergbahn herstellen. Dazu wurde die Bahnstation „Obstfelderschmiede" neu angelegt, nach der dort befindlichen Schmiede, die zu Mellenbach gehörte. Fahrgäste sollten hier künftig zwischen der Schwarzatalbahn und der **Standseilbahn** umsteigen. Für die Übergabe von Güterwagen und anderen Eisenbahnfahrzeugen an die Standseilbahn wurde eine von der Schwarzatalbahn abzweigende Weiche eingebaut und zwei Gleise zum Abstellen abzuholender oder zugeführter Güterwagen. Eine Drehscheibe ermöglichte es, die Güterwagen um etwa 90 Grad in Förderrichtung der Standseilbahn zu drehen und deren Güterbühne zu beladen.

Der Bahnhof Lichtenhain wurde mit getrennten Bahnsteigen für Flachstrecke und Standseilbahn versehen, sowie mit mehreren Abstell- und Ladegleisen. Lichtenhain wurde Bergstation der Standseilbahn und Beginn des zweiten Teils der Eisenbahnstrecke, der Flachstrecke nach Cursdorf. Eine Drehscheibe wurde eingebaut, um die zu transportierenden Eisenbahn-

Deutlich ist der Übergang der Strecke in einen Bogen zu sehen

fahrzeuge in Förderrichtung der Standseilbahn zu drehen. Ein Stück Gleis führt von der Drehscheibe ins Stationsgebäude, wo über eine in Längsrichtung verschiebbare Bühne die Standseilbahn beladen werden kann. Beispiel extremer Sparsamkeit des Dr. Bäseler sind die Drehscheiben der Tal- und Bergstation. In einem Windenhaus befinden sich jeweils eine wahlweise elektrische oder per Hand angetriebene Seilwinde. Deren Seil kann sowohl zum Bewegen der Eisenbahnfahrzeuge als auch zum Bewegen der Drehscheibe genutzt werden. An der Drehscheibe befinden sich dazu verschiedene Ösen zum Einhaken. Am Gleis sind an verschiedenen Stellen Poller zum Umlenken des Seiles angebracht, damit die Eisenbahnwagen in beide Richtungen bewegt werden können. Auch die Güterbühne hat beidseitig Poller zum Umlenken des Seiles. Auch sie wird per Seilzug be- und entladen.
Zwischen beiden Drehscheiben (oben und unten) übernimmt eine Standseilbahn den Transport von Eisenbahnfahrzeugen und Personen. Das Gleis mit einer Spurweite von 1800 mm (Regelspur der Eisenbahn 1435 mm) verbindet beide Stationen bei einer nahezu gleichbleibenden Neigung von 24 % (maximal 25 %). Als Schienen wurden spezielle Keilkopfschienen

verwendet, um durch ihre Form den Einsatz einer Fangvorrichtung zu ermöglichen. Die Strecke ist nicht gerade. Ca. 500 m des unteren Teiles der Strecke verlaufen in einem 400 m-Radius, bis über die Ausweiche. Das sollte sich später als sehr nachteilig herausstellen. In der Mitte der Strecke ist eine Ausweiche angeordnet, die mit zwei Abt'schen Weichen das aneinander Vorbeifahren beider Standseilbahnwagen ermöglicht. Abt'sche Weichen gehen nicht zu verstellen, sondern erfordern spezielle Radsätze, um befahren zu wer-

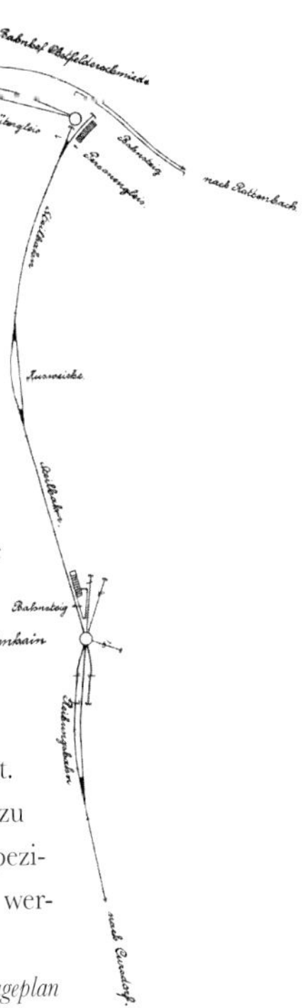

Der Streckenverlauf im Bogen, alter Lageplan

den. In der Talstation ist eine weitere Abt'sche Weiche angeordnet. Sie sichert, dass der Personenwagen immer zum Personenbahnsteig und die Güterbühne immer zur Drehscheibe gelangen. Ein Wechsel ist nicht möglich.

Die Funktion der Standseilbahn ist einfach. Ein Seil läuft in der Bergstation über zwei große Antriebsscheiben (Treibscheiben), die von einem Elektromotor angetrieben werden. Die Treibscheiben werden vom Seil umschlungen und die Reibung zwischen beiden ermöglicht den Antrieb und das Abbremsen. An beiden Seilenden ist ein Bergbahnwagen befestigt und so fährt immer ein Wagen nach oben, wenn der andere nach unten fährt. Ideal wäre, wenn beide Wagen gleich schwer sind und nur so viel Energie aufgewendet werden müsste, um das System aus dem Gleichgewicht zu bringen. Zunehmendes Seilgewicht auf der einen Seite und abnehmendes auf der anderen, würden die Weiterfahrt bewirken, so der Idealzustand.

Die Genehmigung wurde für eine Eisenbahn mit Personen- und Güterverkehr erteilt. Dr. Bäseler musste dem entsprechen. Die Lösung war die Konstruktion einer speziellen Güterbühne in Keilform, an einem Seilende. Auf ihr stehen Güterwagen beim Transport fast waagerecht. So kann sich keine Ladung verschieben. Für das andere Seilende ließ er einen Personenwagen bauen. Durch stufenförmig versetzte Abteile wurde der Wagen der Neigung der Strecke angepasst, so dass alle Fahrgäste auf fast waagerechtem Unterbau sitzen oder stehen. Beeindruckend aus heutiger Sicht ist der beidseitig der Strecke, verlaufende Bahngraben. Sein trapezförmiger Querschnitt besteht aus senkrecht aneinander gestapelten Schieferplatten. Weite Bereiche davon sind überwachsen, aber an einigen Stellen kann man den Originalzustand noch erkennen.

An der Ausweichstelle: interessante Beladung

Die Bergstation als Zentrum dieser Bahn

Ein Bahnhofsgebäude wurde errichtet, das den Bahnsteig der Flachstrecke, sowie den Bahnsteig der Standseilbahn überdacht. Fahrgäste müssen zum Umsteigen einige Treppen steigen. Die Flachstrecke verläuft quer zur Förderrichtung der Standseilbahn.

Der Maschinenraum

Unter dem Bahnsteig in Lichtenhain und dem Gleis der Bahnsteighalle befindet sich der Maschinenraum. Er enthält die Antriebsanlage der Standseilbahn, sowie die Anlagen zur Umformung der Elektroenergie aus dem Landesnetz. Für die Fahrdrahtspannung von 500 V Gleichstrom der Flachstrecke sorgten ein Transformator und nachgeordnete Gleichrichter. Die 220 V Gleichstrom für den Seilbahnantrieb wurden durch einen Umformer erzeugt, bestehend aus Elektromotor mit gekoppeltem Generator. Ein Dreizylinder Gasölmotor mit 45 kW trieb den gleichen Umformer an und sollte zur Notstromversorgung dienen. Wegen unzureichendem Stromnetz, lief er fast immer und

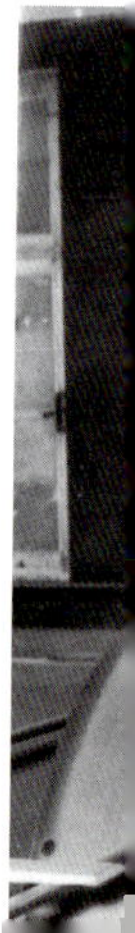

trug die Hauptlast der Stromversorgung. Die Antriebsanlage der Standseilbahn wurde nach den sehr speziellen Vorgaben des Dr. Bäseler errichtet. Er hatte die Gesellschaft für Förderanlagen Ernst Heckel aus Saarbrücken unter Vertrag genommen, die auch die Standseilbahnwagen nach seinen Vorgaben entwickelte und baute. Der Seilantrieb wurde abweichend vom üblichen System, mit zwei Treibscheiben **quer** zur För-

---

Der Dreizylinder Gasölmotor von Deutz

derrichtung gebaut. Üblich ist, die Treibscheiben in Förderrichtung anzuordnen. Was zunächst, laut Dr. Bäseler, aus Platzgründen so konstruiert und gebaut wurde, erweist sich bei der Neuberechnung des Antriebssystems für die Rekonstruktion 2002, als einzig mögliche Variante. Das System Bäseler funktioniert so: Das Zugseil der Standseilbahn kommt vom ersten Wagen der Seilbahn, wird mit einer Umlenkscheibe nach unten geführt, läuft etwa in Höhe Achse der Treibscheibe in die Antriebsrille der Treibscheibe und

Der Antrieb 1923, mit Umformer im Vordergrund

wird dort 90 ° zur Seite abgelenkt. Es umschlingt drei Viertel der ersten Treibscheibe. Oben angekommen verläuft das Seil zur zweiten Treibscheibe, umschlingt auch diese auf drei Viertel des Umfanges, wird wieder um 90 ° abgelenkt, in die zweite Umlenkscheibe geführt und von dort hinaus auf die Strecke zum zweiten Wagen der Seilbahn. Dieses System biegt das Seil beim Durchlauf in alle vier Richtungen, was für die Haltbarkeit sehr nachteilig ist. Ursprünglich ungewollt, hat diese Seilführung einen Vorteil. Der sich ergebende große Umschlingungswinkel an den Treibscheiben, mit zweimal 270 ° (Summe 540 °) ermöglicht erst die Beförderung so großer Lasten und den Betrieb dieser Seilbahn, wie sie ist. Üblich ist die Anordnung einer Treibscheibe mit zwei Seilrillen in Förderrichtung und eine Umlenkscheibe in der Flucht. Dabei umschlingt das Seil die

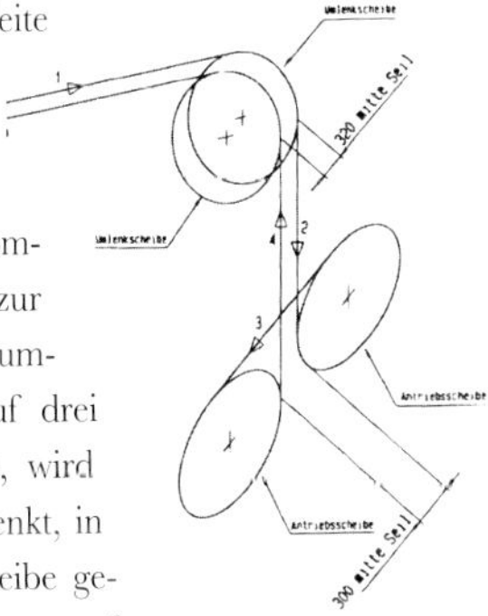

Die Seilführung des Antriebes

Treibscheibe, wird zur Umlenkscheibe geführt, zurück zur Treibscheibe, um diese nochmals zu umschlingen. So ergibt sich nur ein Umschlingungswinkel von 360 °. Mehr Umschlingungswinkel bedeutet aber mehr Reibungsfläche zwischen Seil und Treibscheibe. Das ist so wichtig, da Antrieb und Bremsen durch Reibung zwischen Seil und den Treibscheiben erfolgen. Dazu sind die Seilrillen in Treibscheiben ausgefüttert, mit Materi-

Umlenk- und Treibscheiben mit kreuzendem Seil

Antriebsritzel zwischen beiden Treibscheiben mit Seil

alien die hohe Reibung bei geringem Verschleiß erzeugen. Das war zu Beginn Leder, dann Hartholz. Später wurden geeignete Kunststoffe eingesetzt. Das Lederfutter bestand aus hochkant in die Seilrille gestellten Lederstücken. Grundsatz ist, je mehr Reibung, umso größere Lasten können befördert werden. Das Seil rutscht nicht durch und es kann ein größerer Unterschied zwischen beiden Seilbahnwagen bestehen.

Die Treibscheiben mit je 4 m Durchmesser verfügten neben der ausgefütterten Rille zum Antrieb noch über eine zweite, ohne Futter. In dieser konnte das Seil abgelegt werden, um die Anlage durchdrehen zu können, ohne die Wagen zu bewegen. Außen an den gusseisernen Treibscheiben ist noch ein Zahnkranz befestigt, so dass jede Treibscheibe mit Achse auf ein Gesamtgewicht von 12 t kommt. Ein Antriebsritzel, als Ende des Antriebsstranges, sitzt unten zwischen beiden Treibscheiben. Zusammen ist das ein großes Untersetzungs-

---

Der Antrieb 1967

v.l.n.r: Kontroller/Richtungswender, Handrad der Betriebsbremse, Verriegelungshebel für Schiebebühne

getriebe. Der Antriebsstrang setzt sich zusammen aus Gleichstrommotor, Betriebsbremse, Untersetzungsgetriebe, schaltbares Zweistufengetriebe, Sicherheitsbremse und Antriebsritzel. Mit zuschaltbaren Widerständen wird die Drehzahl des 75 kW-Gleichstromnebenschlussmotors geregelt. Bedient wird das System vom Maschinisten, ähnlich einer alten Straßenbahn. Er bedient auch die Betriebsbremse. Das Seil hat einen Durchmesser von 38,5 mm.

Der Batterieraum

Der Batterieraum 2001

Ein ganzer Raum voller Batterien musste notgedrungen gebaut werden, da die Versorgung mit Elektroenergie nicht ausreichte. *„Das damalige Stromnetz konnte nicht mehr bereitstellen“* (Dr. Bäseler). Bei Bergfahrt der Güterbühne, beladen mit 17 t und einem Personenwagen, beladenen mit 4 t Fahrgästen, waren 75 kW elektrischer Leistung erforderlich. Der Umformer, der an die Möglichkeiten des Landesnetzes angepasst war und den auch der Gasölmotor antreibt, leistet aber maximal nur 37 kW. Es fehlen 38 kW. Diese Leistung mussten die Batterien liefern um den 75 kW-Gleichstromnebenschlussmotor anzutreiben. Im Bremsbetrieb arbeitet dieser als Generator und lud so die Batterien wieder auf. Mit leeren Batterien war gar keine Fahrt möglich. Es ist beeindruckend, wie solche Probleme gelöst wurden.

Die Talstation

Eine Abt'sche Weiche vor der Talstation teilt die Strecke auf in Personengleis zum Treppenbahnsteig und Gütergleis zur Verladegrube, wo die Güterbühne so-

---

Das Güterwagengleis hat keinen Bahnsteig für die unterschiedlichen Wagen

weit abgesenkt wird, dass eine Überfahrt zur Drehscheibe möglich ist. Der Personenbahnsteig und der Übergang zum Gütergleis sind überdacht. Wie in der Bergstation ist auch hier eine elektrisch- und handbetriebene Seilwinde vorhanden, die gleichermaßen zum Transport der Eisenbahnwagen und zum Bewegen der Drehscheibe verwendet werden kann.

Die Bergbahnwagen

Da die Strecke hauptsächlich für den Güterverkehr in die Bergregion gebaut wurde, ist der wichtigste Teil der Standseilbahn die Güterbühne. Sie ist vierachsig, keilförmig und besitzt ein normalspuriges Eisenbahngleis von 8,5 m. Darauf können Eisenbahnwagen mit einem maximalen Achsstand von 7 m aufgeladen werden. Die Gesamtmasse durfte 30 t nicht überschreiten. Alle Achsen sind ungefedert, jeweils 2 Achsen sind durch bewegliche Ausgleichshebel verbunden. Zusammen mit dem Eigengewicht der Güterbühne von 18,5 t hängen bei maximaler Beladung 48,5 t Gesamtgewicht an dem Ende des Seiles. Am anderen Ende des Seiles ist ein 4 m breiter Personenwagen befestigt, mit stufenförmig angeordneten offenen Abteilen, weitgehend der Streckenneigung angepasst. Mit 24 t ist er schwerer als die leere Güterbühne. Bei beladener Güterbühne kehrt sich das Gewichtsverhältnis um. So wird deutlich, dass diese Standseilbahn praktisch nie im Gleichgewicht sein wird.

Das System Abt

Der Schweizer Carl Roman Abt (1850–1933) hatte ein System erfunden, den Betrieb von Standseilbahnen auf eingleisigen Strecken zu ermöglichen. Jeweils genau in der Mitte der Strecke befindet sich eine Ausweichstelle mit zwei Weichen, wo die Wagen aneinan-

Güterwagentransport 1922, noch ohne Fangbremsen

der vorbeifahren können. Die Weichen müssen nicht gestellt werden und haben keine anliegenden Schienen für die abweichende Fahrspur. Das funktioniert mit den besonderen Achsen der Standseilbahn. Sie haben auf einer Seite ein Rad mit doppeltem Spurkranz und auf der anderen Seite ein Rad, das aus einer ca. 30 cm breiten Walze besteht. Im beschriebenen Fall sind beim Personenwagen die Räder mit doppeltem Spurkranz links angeordnet und bei der Güterbühne auf der rechten Seite. Verfolgt man bei der Fahrt den Verlauf der Schienen, so sieht man, dass jeweils die äußeren Schienen ohne Unterbrechung außen an der Ausweichstelle vorbei verlaufen. So hat jeder Wagen seine durchgehende Führungsschiene die auch für die Sicherheitsbremse genutzt wird.

Abtsche Weiche mit Radsatz

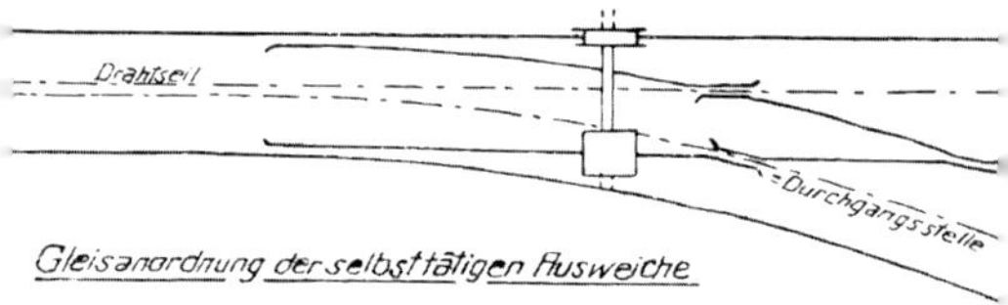

Automatische Fangvorrichtung

Alle Bergbahnwagen sind auf der Seite, wo sich die Räder mit doppeltem Spurkranz befinden, mit einer Zangenfangvorrichtung nahe den Rädern ausgestattet. Das sind Doppelhebel mit Drehpunkt in der Mitte, die eine Zange bilden. Im oberen Teil befindet sich eine Spindel mit Rechts- und Linksgewinde. Wird sie gedreht, werden die Hebel auseinander gedrückt. Im unteren Teil sind die Hebel beidseitig neben der Schiene angeordnet, so dass sie sich wie eine Zange an der Schiene festklemmen, wenn oben die Hebel auseinan-

Keilkopfschiene mit K-Oberbau

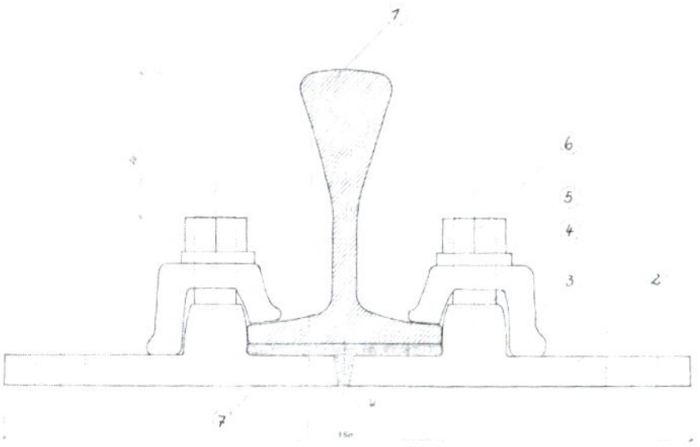

der gedrückt werden. Die Keilform der Schiene verhindert das Abrutschen und bewirkt eine Zunahme der Bremswirkung. Die Güterbühne und das Fahrgestell des Personenwagens sind ungefedert, damit sich die Fangzangen auch immer korrekt neben den Schienen befinden. Die Bewegung der Spindel erfolgt durch die sich drehende Wagenachse über einen Kettenantrieb. Eine Klauenkupplung trennt im Normalbetrieb und verbindet bei Auslösung den Kettenantrieb mit den Spindeln der Fangzangen. Eine Rutschkupplung dazwischen begrenzt das Drehmoment, damit die Spindeln nicht überlastet werden. Ausgelöst wird die Fangvorrichtung eines Wagens an allen Fangzangen rein mechanisch durch eine Hauptauslösewelle. Diese kann betätigt werden per Hand über einen Hebel, durch einen Fliehkraftregler bei zu hoher Geschwindigkeit und durch Seilbruch über einen Winkelhebel. Auf Seite der Wagen, wo sich die Walzenräder befinden, sind Exzentersegmente angeordnet, die bei Auslösung über die Hauptauslösewelle vor das Walzenrad kippen und das Rad ca. 1 cm anheben. Durch das Schleifen auf der Schiene soll eine Bremswirkung erzielt werden. Das Ankippen des gesamten Wagens verbessert die Wirkung der Fangbremse auf der anderen

Seite, wo durch stärkere Reibung zwischen Rad und Schiene der Antrieb der Fangzangenspindeln sicherer wird. Alle Bremssysteme der Fangvorrichtung wirken nur talwärts und sind in Nähe der Räder angeordnet. Diese Fangvorrichtung funktioniert nur mit starren Achsen, d.h. Achse und Räder sind fest miteinander verbunden. Das wiederum hat Folgen bei dem vorhandenen Streckenverlauf im Bogen, denn Achsen mit Rädern gleichen Durchmessers wollen immer geradeaus rollen! Durch Bögen rollen sie nur mit Zwang.

Die Fangvorrichtung

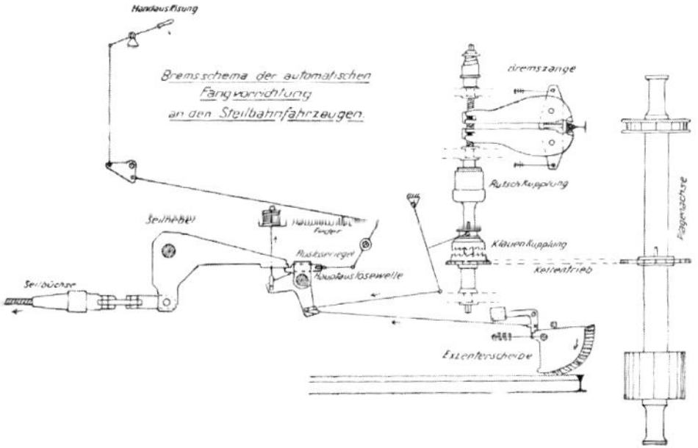

Betriebsführung

In der Bergstation hatte ein Maschinist seinen Führerstand. Er bediente den Kontroller für die Widerstandsregelung des Antriebsmotors und die Betriebsbremse, durch die alle Fahrten angehalten wurden. Mit einem Richtungswender wurde die Förderrichtung elektrisch umgeschaltet. Anfahren, Geschwindigkeit regeln und Anhalten konnte nur der Maschinist. Beginn und Ende einer Fahrt wurden durch Signalläutewerke in der Bergstation, der Talstation und im Personenwagen angezeigt. Eine an der Strecke als Freileitung entlang geführte Signalleitung verband Tal- und Bergstation für Läutewerk und Telefongespräche. Musste während der Fahrt angehalten werden, konnte der Schaffner mit einer Kontaktstange den Draht berühren und so das Läuten als Haltesignal auslösen. Ein Teufenanzeiger aus dem Bergbau zeigte dem Maschinisten an, wo sich die jeweiligen Wagen gerade befinden. Eine Besonderheit sind zwei Betriebsabläufe. Der **Erste** ist die Fahrt mit dem Personenwagen zwischen den Bahnsteigen der Tal- und Bergstation. Der **Zweite** ist der

---

Der Teufenanzeiger

Ausgang na
Lichtenh

Transport von Güterwagen. Da wird zwischen den Verladeeinrichtungen der Tal- und Bergstation gefahren. Diese Fahrstrecke ist bis zu 4 m länger und der Ablauf aufwendiger, da die Güterbühne jeweils gegen Wegrollen verankert werden muss. Werden Eisenbahnwagen auf die Güterbühne gefahren/verladen, darf diese nicht wegrollen oder sich durch Seildehnung wegbewegen.

Ist kein Güterwagen zu befördern, fährt die Güterbühne leer und unbegleitet. Bereits 1924 wurden Eisenbahn-Personenwagen aufgesetzt um mehr Personen zu befördern. Später wurden verschiedene Wagen, meist Triebwagenbeiwagen, zur Personenbeförderung umgebaut und planmäßig eingesetzt. Ein Schaffner begleitete diese Fahrten.

Inbetriebnahme

Am 21. Dezember 1921 wurde der erste Güterwagen auf die Höhe transportiert. Es war ein Probelauf und es durften noch keine Personen befördert werden, denn beide Seilbahnwagen hatten noch keine Sicherheitseinrichtung (Fangvorrichtung). Die Fangbremsen wurden 1922 nachgerüstet. Am 8. Februar 1922 wurde der Güterverkehr eröffnet und am 1. März 1922 folgte die erste Probefahrt mit Personen. Am 15. Januar 1923 erfolgte die amtliche Endabnahme und am 27. Januar wurde die Genehmigung zum Personenverkehr erteilt. Die offizielle Eröffnung wurde am 23. März 1923 in Oberweißbach gefeiert. Welche Bedeutung das für die Region hat, kann man ermessen, wenn die nun zu transportierenden Ladungen verglichen werden. Ein Güterwagen mit 6 m Achsstand hat 10,5 t Eigenmasse und kann so 19,5 t Ladung, z. B. Kohle, transportieren. Verglichen mit der Ladung eines Kuh- oder Pferdegespanns oder einer Fuhre mit einer Lokomobile bei den 12 % Steigung der Straße von Sitzendorf nach Oberweißbach, ein gewaltiger Unterschied.

2002 wird so der Rettungsweg gebaut

Weitere Geschichte der Standseilbahn

Auf Fotos von 1924/25 kann man sehen, dass die Güterbühne mit verschiedensten Personenwagen besetzt war, um diese für den Personentransport zu nutzen. Das Güterbühnengleis der Talstation hatte aber keinen Bahnsteig. Unterschiedlichste Holzkonstruktionen, je nach Typ des aufgesetzten Wagens, dienten als Bahnsteig. Bis Ende der 1960er-Jahre dienten provisorische Bahnsteige dem Einstieg in die verschiedensten Aufsatzwagen.

Seit 1926 sind der Personenwagen und später auch die planmäßigen Aufsatzwagen der Güterbühne mit ausschwenkbaren Kontaktstäben an der Stirnseite ausgerüstet. Bei Notfällen wurden diese herumgeschwenkt. Dadurch berührten sie die neben der Strecke verlaufende Kontakt- und Fernmeldeleitung und lösten so das Läutewerk beim Maschinisten aus. Daraufhin wurde die Fahrt angehalten und der hergestellte Kontakt für eine Fernsprechverbindung genutzt.

1949 wird die Aktiengesellschaft aufgelöst und die Oberweißbacher Bergbahn Teil der Deutschen Reichsbahn.

Ende 1959 bis ins Jahr 1960 wurde der Wagenkasten des Personenwagens aufgearbeitet. Die Arbeiten führt das Reichsbahnausbesserungswerk Gotha vor Ort aus. Verschlissene Teile wurden ersetzt, die Stirnseiten in eine modernere Form gebracht, leicht nach vorn ausgestellt, und mit größeren Fenstern versehen. Durch Platzgewinn konnte die zulässige zu befördernde Personenzahl von 120 auf 150 erhöht werden. Der Seildurchmesser der Standseilbahn, inzwischen von

---

Verschiedene Personenwagen werden aufgesetzt

38,5 mm auf 41 mm vergrößert, ergab die erforderliche achtfache Sicherheit der Seilbelastung. Die Schiebetüren wurden durch modern wirkende, aber handbetriebene Falttüren ersetzt.
1966 wird der Güterverkehr eingestellt. Die Möglichkeit zum Transport von Eisenbahnfahrzeugen muss aber erhalten bleiben. Die Fahrzeuge der Flachstrecke müssen zur Instandhaltung oder Reparatur gefahren werden. Auch Baumaterial oder andere Eisenbahnbaufahrzeuge zum Ersatz oder zur Verstärkung sollen

V15 fährt 1982 nach unten, nachdem sie Ersatzverkehr auf der Flachstrecke gefahren ist

2009 war die erste deutsche Dampflok zu Besuch, die Saxonia

weiterhin per Bahn befördert werden können. 1967 erfolgte eine erste Rekonstruktion. Es wurden ein neues geschlossenes Getriebe und ein neues Notstromaggregat einschließlich der notwendigen Fundamente eingebaut. Es ist ein 6 Zylinder Schiffsdiesel von SKL mit 150 kVA-Generator. Dic Betriebsbremse wurde umgebaut. Die Bergstation erhielt ein eigenes Funknetz, das sie mit den Bergbahnwagen und den Fahrzeugen der Flachstrecke verbindet. Die ausschwenkbaren Kontaktstäbe an der Stirnseite der Wagen wurden überflüssig. Als wichtigste Maßnahme wird das Seil gewechselt. Es ist bereits das siebente und hat nur 8 Jahre gehalten. **Üblicherweise halten Zugseile von Standseilbahnen 25 bis 30 Jahre!** Die Tragfähigkeit der Güterbühne wurde inzwischen auf 27 t Gesamtgewicht reduziert. Die technische Aufsicht hatte dabei die „Technische Überwachung der Deutschen Reichsbahn" (TÜDR).

1970 wurde ein neuer Fördermotor eingebaut, ein Gleichstrom-Nebenschlussmotor mit 80 kW für 220 V

Notstromaggregat bis 2001

Aufsatzwagen 1972, von der Kleinbahn Schleiz–Saalburg

Gleichspannung. Die zur Drehzahlsteuerung erforderlichen Anfahrwiderstände wurden ebenfalls erneuert. 1971 erfolgte der zweite Schritt, die Umstellung der gesamten Stromversorgung mit direkter Einspeisung aus dem Netz uber Silizium-Gleichrichtersatz und erneuerter Schaltanlage. Der Umformer aus Motor und Generator wurde überflüssig.
1972 wurde ein Triebwagenbeiwagen der ehemaligen Schleizer Kleinbahn als ständiger Aufsatzwagen beschafft, umgebaut und eingesetzt.

1980 wurde die Bergbahn zum „Denkmal der Produktions- und Verkehrsgeschichte“ erklärt. Von da an müssen alle Veränderungen und Baumaßnahmen mit dem Denkmalschutz abgestimmt werden.
1990 erfolgte die Wende auch bei technischen und rechtlichen Vorgaben. In diesem Jahr wurden neue Umlenkscheiben eingebaut.
1991 wurden alle drei Abt'sche Weichen komplett erneuert und das inzwischen 12. Seil aufgelegt. Das vorherige hatte nur vier Jahre gehalten.
1993 wurde das „Allgemeine Eisenbahngesetz (AEG)“ von Bundestag und Bundesrat erlassen. Das hat auch Folgen für die Bergbahn.
Ab 1. Januar 1994 gehört die Oberweißbacher Bergbahn zur neu gegründeten Deutschen Bahn AG und ist damit Eigentum der Bundesrepublik Deutschland. Nach AEG wird die Bergbahn zergliedert und in die neue Bahnstruktur der DB AG eingefügt. Die Standseilbahn als Ganzes ist Infrastruktur und wird dem Geschäftsbereich Netz übergeben, der damit neuer Betreiber und Instandhalter wird. Die Fahrzeuge der Flachstrecke, sowie die Triebwagenführer und Personal der Standseilbahn werden dem Geschäftsbereich Personenverkehr zugeordnet.

1996 hat sich in den neuen Bundesländern das Eisenbahnbundesamt (EBA) etabliert. In einer Beratung am 11. April werden die Weichen gestellt, wie die Standseilbahn Obstfelderschmiede–Lichtenhain unter den neuen rechtlichen Bedingungen weiter betrieben werden kann. Nach dem Protokoll wird folgendes festgelegt:

- Das Eisenbahnbundesamt ist im vollen Umfang alleinige Aufsichts- und Genehmigungsbehörde für die Standseilbahn, solange diese eine Anlage des Bundes ist und durch die Deutsche Bahn AG betrieben wird.

  Damit gelten keine länderspezifischen Gesetze oder Vorschriften für Seilbahnen!
- Es gelten zunächst die in der Zeit von 1985 bis 1989 erarbeiteten Vorschriften der Standseilbahn uneingeschränkt weiter, solange sie nicht durch neue Regelungen ersetzt sind.
- Für die Ausarbeitung neuer Vorschriften wurden als Grenzen der Standseilbahn die beiden Drehscheiben festgelegt. Dabei endet die Standseilbahn an der oberen Drehscheibe und diese gehört zur Flachstrecke. Die untere Drehscheibe gehört dagegen komplett zur Standseilbahn. Gemeinsame Verriegelungseinrichtungen von Standseilbahn und Drehscheibe sind der Grund dafür.

- Da es weder von der Bundesbehörde noch vom Freistaat Thüringen technische Standards oder gesetzliche Vorschriften gibt, die man übernehmen könnte, muss eine Anpassung des bestehenden Vorschriftenwerkes erfolgen. Dabei soll die Bau- und Betriebsordnung Seilbahnen (BOSeil) des Freistaates Bayern als Vorlage herangezogen werden.
- Der TÜV Thüringen wird mit den fachlichen und technischen Prüfungen beauftragt, im Namen des EBA, dem alle Ergebnisse von Prüfungen zu übergeben sind.

Der Vergleich zwischen der BOSeil Bayern und den bestehenden Vorschriften, sowie den vorhandenen Gegebenheiten bei Betrieb und Gestaltung der Gesamtanlage ergeben: Diese Standseilbahn ist ganz anders!

1998 wurde eine neue Betreibervorschrift in Kraft gesetzt, die wesentliche Änderungen beinhaltet. Die Güterbühne darf nicht mehr leer fahren, sondern es muss immer ein Wagen aufgesetzt sein, der durch Personal begleitet wird. Auch Sondertransporte sind zu begleiten. Damit fährt die Standseilbahn immer mit ungleichen Lasten am Seil. Für den direkten Eingriff der

Begleiter, die jetzt „Fahrtensicherer" heißen, wurde eine Datenfunkanlage installiert. Als wichtigste Maßnahme ermöglichte sie, durch Funksignal aus den Bergbahnwagen die Anlage direkt zum Anhalten zu bringen. Am 23. September 1998 reißt eine der Befestigungsschrauben eines Treibscheibenlagers ab. Ursache ist Alterung und Dauerbruch durch starke Schwingungen. Das Spiel zwischen den Zähnen des Treibscheibenzahnkranzes und denen des Antriebsritzels betrug inzwischen ca. 19 mm. Schwingungen die bei Bogenfahrt der Bergbahnwagen entstehen, durch das Seil in Längsrichtung übertragen werden, führen zu Resonanzschwingungen zwischen Antriebswelle und Treibscheiben. Das findet man aber erst nach der Rekonstruktion 2002 heraus. Der Lärm ist ohrenbetäubend und nicht zu verhindern. Die Rekonstruktion des Antriebes bis zum Jahr 2000 wurde festgelegt. Bis dahin mussten häufige Sicht- und Ultraschallprüfungen den sicheren Weiterbetrieb gewährleisten. Sofort wurden Zeichnungssätze kopiert und mit Anfragen bei verschiedensten Seilbahnherstellern verschickt. Die Vorbereitung dauerte ihre Zeit. Besichtigungen und erste Berechnungen wurden durch die Seilbahnhersteller vor Ort ausgeführt. Der Wunsch, beim Umbau des Antriebes auf eine Standardanordnung zu gehen, wurde sofort rechnerisch ausgeschlossen, sollten die Lasten bleiben. Das bedeutet weiterhin die Möglichkeit, 27 t auf der Güterbühne zu transportieren. Fazit: Dr. Bäseler hatte aus Platzgründen die einzig mögliche Anordnung entwickelt, um solche Lasten zu befördern.

Am 11. November 2001 ereignete sich das Seilbahnunglück in Kaprun mit 150 Toten. Das erschütterte die Seilbahnwelt und stellte viele der bis dahin geltenden Vorschriften in Frage. Es hat Folgen für Betreiber und Zulieferer.

Am 25. Juni 2001 wurde in Lichtenhain ein Verkehrsvertrag zwischen der DB AG und dem Land Thüringen unterzeichnet. Er sichert den Weiterbetrieb und die Mittel zu einer umfassenden Sanierung und Rekonstruktion der Bergbahn. Er schreibt den Fertigstellungstermin 15. Dezember 2002 fest. Ab September wird intensiv an den Vorbereitungen der Rekonstruktion gearbeitet. Am 1. Oktober wird der Betrieb eingestellt.

Im Januar 2002 wurde das Profitcenter **„Oberweißbacher Berg- und Schwarzatalbahn“ (OBS)** durch die Deutschen Bahn AG (DB AG) gegründet.

Eine neue Struktur, die den besonderen örtlichen Bedingungen besser Rechnung tragen soll. Das Profitcenter ist Teil der neu gebildeten DB RegioNetze. Deren beide Teile DB RegioNetz Infrastruktur GmbH und DB RegioNetz Verkehrs GmbH entsprechend den Vorgaben des AEG, Verkehr und Infrastruktur zu trennen. Die OBS hat die Aufgabe, alle anstehenden Arbeiten zu koordinieren, nach Fertigstellung die Anlagen und Fahrzeuge instand zu halten und den Betrieb eigenständig zu führen. Nun kann es losgehen.

Die Rekonstruktion

Eine gravierende Forderung war die Einsparung von Personal. Damit wurde das bisherige Betriebssystem hinfällig. Die Abstimmung mit der Aufsichtsbehörde (EBA Außenstelle Erfurt) ergab folgendes: „*Als erstes sind Bau- und Betriebsunterlagen durch den Betreiber, die OBS, zu erstellen. Nach denen muss geplant, gebaut und geprüft werden.*" Eine eigene „Bau- und Betriebsordnung Seilbahn (BOSeil) der Oberweißbacher Bergbahn" musste erarbeitet werden, da es auf Bundesebene keine gab und der Bundestag wegen der einen Bergbahn keine erarbeiten würde. In Thüringen gab es weder BOSeil noch Seilbahngesetz, die als Vorlage dienen könnten. Es blieb nur, die Bergbahn nach den modernsten, örtlich angepassten Gesichtspunkten, zu gestalten, neue Wege zu gehen und das in die eigene BOSeil zu übernehmen. Die Katastrophe von Kaprun war noch nicht ausgewertet und in veränderte Vorschriften umgesetzt. Also gab es keine gültigen Vergleiche. Eigene Logik und Sicherheitsverständnis mussten bemüht werden.

Eines der vielen Probleme war, einen Kompromiss zwischen technischem Denkmal und wirtschaftlichem Betrieb zu finden. Alle Maßnahmen wurden mit dem Thüringer Landesamt für Denkmalpflege und Archäologie abgestimmt und Zustimmungen eingeholt. Das äußere Bild der Fahrzeuge, der Gebäude, die Möglichkeiten zum Gütertransport, mit den dazugehörigen Anlagen und die Anordnung der Antriebsscheiben galt es als die erhaltenswerten technischen Merkmale zu bewahren. Wichtig war die Festlegung, dass notwendige Änderungen und Neubauten nicht vermeintlich alt gestaltet, sondern sich als neu und modern abheben sollten. Im Vorfeld wurde ein „Brandschutz- und rettungstechnisches Gutachten" erstellt, um die neuesten Erkenntnisse einfließen zu lassen. Überraschender Weise waren nur wenige Veränderungen zum beabsichtigten Konzept notwendig.

Was wurde verändert?

Der Antrieb wurde komplett erneuert. Die einrilligen Treibscheiben in Schweißkonstruktion wiegen nur noch je 4,2 t und wurden auch wieder quer zur Förderrichtung eingebaut. Je ein Drehstrom-Asynchronmotor mit 110 kW wirkt über Kupplung-Betriebsbremse-Getriebe-Kupplung auf je eine Antriebsscheibe. Es gibt also zwei separate Antriebsstränge die gemeinsam und absolut synchron arbeiten müssen. Das bedeutet nicht nur gleiche Drehzahl, sondern auch gleichen Leistungsanteil beim Seilantrieb, sonst würden sich die Seilfutter unterschiedlich abnutzen und unterschiedliche Treibscheibendurchmesser entstehen. Frequenzumrichter, elektronisch gesteuert, sorgen für die Antriebssteuerung, den Synchronlauf und gleiche Leistungsverteilung. Damit das auch funktioniert, wurden vor dem endgültigen Einbau beider Motoren bei einem Testlauf die Kennlinien aufgezeichnet und gespeichert. Diese werden bei der Leistungsverteilung mit einbezogen. Aus 400 V Drehstrom erzeugen Wechselrichter Strom unterschiedlicher Frequenz zur Drehzahl- und Leistungssteuerung. Zum Bremsen arbeiten beide Motoren bis zum Stillstand als Generator und erzeugen dabei Energie, die ins Landesnetz zurückgespeist wird. Etwa 10 % der bezogenen Elektroenergie werden so wieder zurückgespeist. Die Treibscheiben mit ihren 4 m Durchmesser (das Hundertfache des Seildurchmessers) sind gleichzeitig große Bremsscheiben der Sicherheitsbremse. An den beidseitigen Bremsflächen am äußeren Durchmesser wirkt die Federspeicher-Sicherheitsbremse. Ihre Federpakete werden hydraulisch aufgedrückt und im extremsten Auslösefall entfällt schlagartig der Öldruck und die Federn drücken die Bremsbacken an. Dabei ist der

---

Deutlich sichtbar die zwei separaten Antriebsstränge

Treibscheiben mit Sicherheitsbremse, kreuzendes Seil, Bremsaggregat (rechts in rot)

Bremsweg Null, das zeigen die Messprotokolle. Die Trägheit der Fahrzeuge bewirkt aber, dass das Seil sich dehnt und wie eine große Feder wirkt. So fahren die Bergbahnwagen nach einem plötzlichen Halt ca. 4 m hin und her, mit allen Folgen daraus. Darum ist das ungeregelte Ansprechen der Sicherheitsbremse die Ausnahme, was aber jährlich getestet wird. Auch die Betriebsbremse ist eine Federspeicherbremse, die hydraulisch geöffnet wird. Sie nutzt sich kaum ab, da die

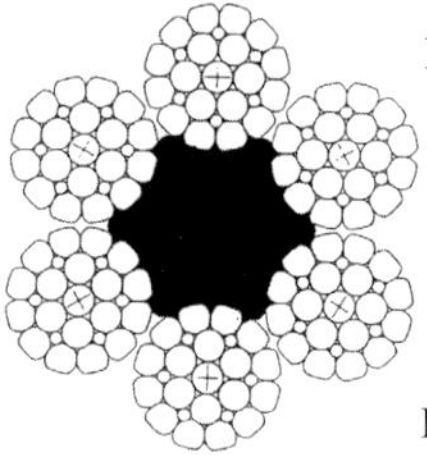

Seilquerschnitt

Drehstrommotoren die Anlage bis zum Stillstand abbremsen. Erst dann fallen alle Bremsen zum Festhalten ein. Es wird auch ein neues Seil aufgelegt, das Dreizehnte. Das letzte durfte nur durch Sonderprüfungen noch bis zur Stillsetzung der Anlage genutzt werden. Es hatte nach zehn Jahren die Ablegereife erreicht. Ersetzt wurde es durch ein Seil der Fa. Fazer, ein kompaktiertes Seil mit Nenndurchmesser 40 mm und Polypropyleneinlage in der Machart „Gleichschlag rechtsgängig“.

Die Betriebsführung änderte sich grundlegend. Der Maschinist in der Bergstation fällt weg. Er fährt nun als Bergbahnbediener im Personenwagen mit. Ein **weltweit einzigartiges Konzept**, das mit der Schweizer Firma SISAG AG aus Altdorf umgesetzt wurde. Ein Steuerpult für jede Fahrtrichtung bietet alle Bedienelemente zum Fahren, Anhalten, Geschwindigkeit ändern, Richtungswechsel und auslösen der Sicherheitsbremse. Ein Touchscreen-Monitor mit mehreren Bedienoberflächen zeigt alle wichtigen Parameter von

Antrieb und Stromversorgung. In verschiedenen Ebenen können Störungen angezeigt und Überbrückungen geschaltet werden. Ziel ist, selbst bei Störungen immer in eine Station zu fahren und nicht nur stehen zu bleiben. Außergewöhnlich ist die ständige Anzeige des Fahrstromes der Flachstrecke. Am Verlauf der

Steuerpult mit Touchscreen-Monitor im Personenwagen

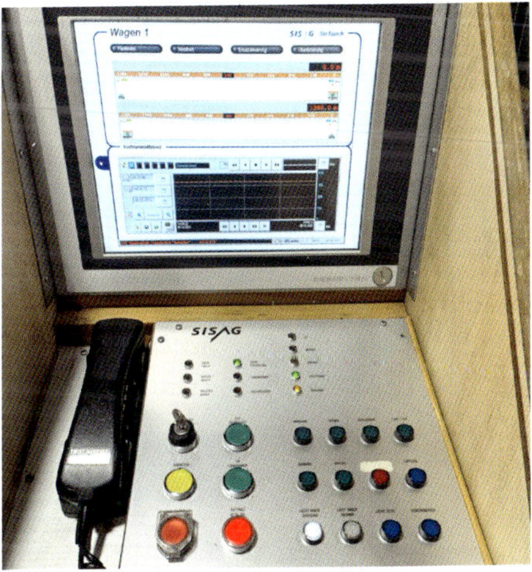

Kennlinie kann der Bergbahnbediener erkennen, ob der Triebwagen fährt, anhält, unplanmäßig steht, ein Kurzschluss oder ein Fahrleitungsschaden vorliegt. So kann er die Flachstrecke überwachen und als Zugleiter fungieren. Über Funk besteht ständige Verbindung. Im Notfall kann Hilfe geholt, die Fahrleitung abgeschaltet oder das Notstromaggregat der Bergstation gestartet werden. Alles aus dem Bergbahnpersonenwagen heraus, es ist die rollende Kommandozen-

---

Anzeige für den Bergbahnbediener:
Alle unterwegs, auch der Triebwagen

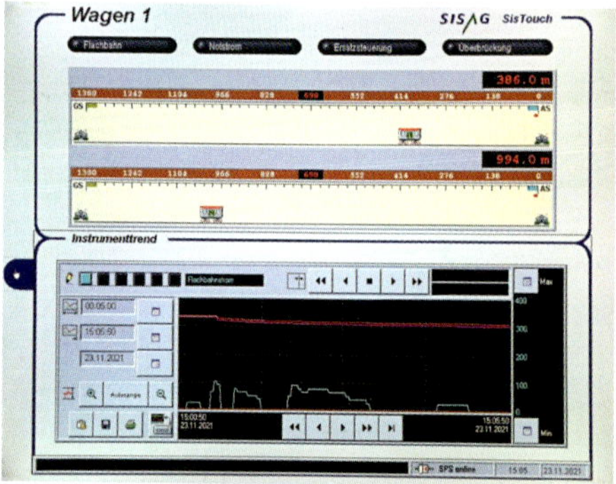

trale der Bergbahn. Der Aufsatzwagen erhielt für jede Fahrtrichtung ein Steuerpult. Wird ohne Aufsatzwagen gefahren, muss die Fahrt begleitet werden und ein ansteckbares Tableau bietet die notwendigen Bedienmöglichkeiten. In der Bergstation befindet sich ein weiteres Tableau mit Touchscreen-Monitor. Es ist für Prüfungen der Anlage und zur Steuerung von Sonderfahrten (Güterwagentransport o. Ä.) eingerichtet. Sonderfahrten werden mit einem Schwerlastprogramm ausgeführt. Das ermöglicht Fahrten mit maximal 1,0 m/s bei einer Beladung der Güterbühne bis zu 27 t. Eine Fahrt im Regelbetrieb startet, wenn aus beiden Wagen die richtige Richtung für die Fahrt gewählt und der Startknopf gedrückt wurde. Gefahren wird automatisch nach voreingestellter Kennlinie, wobei die Fahrgeschwindigkeit von 1,6 m/s unabhängig der wechselnden Beladung erreicht wird. Der Halt in der Station erfolgt, nachdem eine Bremskurve durch die Steuerung abgearbeitet wurde. Neu ist, dass die Güterbühne immer an festgelegten Haltepunkten in der Berg- und der Talstation hält. Sie ist „das feste Ende“ vom Seil. Der Personenwagen, als das „lose Ende vom Seil“, hält dagegen immer wo anders. Alle Längenänderungen des Seiles, durch Wärmedehnung oder durch Veränderung der Beladung, wirken sich auf den Haltepunkt des Personenwagens aus. Die Wärmedehnung des Seiles kann im Sommer bis zu 50 cm betragen. Darum wurden Stufenbahnsteige gebaut. So kann man beim Ein- und Aussteigen immer eine verträgliche Stufenhöhe finden. Der Aufsatzwagen hat im Tal einen eigenen Bahnsteig mit Plattform, an dem er immer punktgenau hält. In der Bergstation ist das schwieriger, da beide Wagen den gleichen Bahnsteig nutzen. Der 4 m breite Personenwagen reicht bis an den Treppenbahnsteig, der Aufsatzwagen ist aber nur 2,58 m. Ihm fehlen 71 cm bis zur Bahnsteigkante. Darum hält er an einer kleinen Plattform mit hochklappbarem Laufsteg, der den Abstand überbrückt. Soll die Güterbühne beladen werden, wird der Steg hochgeklappt, damit sie weiter hochfahren kann.

Für die Übertragung der Daten und Befehle von und zu den Bergbahnwagen wurde eine Fernübertragung mit induktiver Ankopplung mittels Linienleiter installiert. Darüber sind auch Telefongespräche möglich. In der Bergstation befinden sich die SPS-Steuerung für Fahrbetrieb und Sicherheitsstromkreis, sowie alle Bauteile für die Datenübertragung. In Personenwagen und Güterbühne kamen Schaltschränke für Datenübertragung und Steuerung dazu. Streckenfunk und Mobilfunk sorgen für Verbindung zwischen den Bergbahnwagen und dem Triebwagen der Flachstrecke. Damit alle Funktionen auch bei Stromausfall gegeben sind, arbeitet das gesamte System der Steuerung, Überwachung und Datenübertragung batteriegestützt. Dazu

---

Bedienpult Aufsatzwagen

wurden überall notwendige Batterien und Ladegeräte eingebaut, im Personenwagen, in der Güterbühne in den Schaltschränken der Steuerung. Für die unabhängige Stromversorgung der Funkanlagen kamen Schaltschränke dazu. So veränderte sich das Gewicht der Bergbahnwagen: Personenwagen 26 t, Güterbühne 25 t. Da die Güterbühne nicht alleine fahren darf, kommen mindestens noch 9,2 t des Aufsatzwagens (leer) dazu. Somit ist die Güterbühne **immer schwerer**. Neu ist, dass bei Auslösung der Fangvorrichtung sofort das gesamte Antriebssystem abgeschaltet wird, die Steuerung macht es möglich.

Das Sicherheitskonzept änderte sich grundlegend. Alle Türen sind während der Fahrt elektronisch überwacht. Ein Öffnungsversuch führt zum Abschalten der Anlage und zur Notbremsung. Die linken Türen des Personenwagens wurden für Ein- und Ausstieg am Bahnsteig elektrisch bedienbar und sind während der Fahrt verriegelt. Hier hatte Kaprun direkte Folgen. Der Hersteller der elektrischen Türantriebe verweigerte die Lieferung und untersagte den Einbau in die Standseilbahn, da es dafür keine Zulassung gäbe, nur zum Einbau in U-Bahnen. So kamen Eigenkonstruktionen, samt Steuerung, für Personenwagen und Aufsatzwagen zum Einbau. Sie wurden ausgiebig getestet und durch den TÜV abgenommen. Es wurden alle Sicherheitsanforderungen erfüllt. Eine Notentriegelung ermöglicht das händische Öffnen der Türen. Die rechten Türen bleiben handbedient und werden Notausstiege. Auch sie lösen einen Nothalt aus. Im Aufsatzwagen wird nur die bergseitig linke Tür elektrisch bedient und bei Fahrt verriegelt. Die talseitige Tür und die beiden Türen auf der rechten Seite werden Notausstiege mit Überwachung und Nothaltauslösung. Problematisch ist der Notausstieg an der talseitigen Tür. Da der Aufsatzwagen auf der keilförmigen Güterbühne steht, ist der Ausstieg ca. 3 m über dem Gleis und kann nur über eine fest installierte Leiter verlassen werden. Die BOSeil der verschiedensten Bundesländer schreiben vollständig vom Fahrgastraum abgetrennte Führerstände vor. Nach Auswertungen von Kaprun wurden nur verschließbare Steuerpulte eingebaut. So sind „Bergbahnbediener" im Personenwagen und „Kundenbetreuer" im Aufsatzwagen „hautnah" an den Fahrgästen, ein **eigenes Konzept** Dank eigener BOSeil. Sie haben die Aufsicht, beobachten den Fahrweg, können beim Ein- und Aussteigen behilflich sein und Auskunft geben. Im Notfall sind sie als Ersthelfer vor Ort. Als Notantrieb fungiert ein neues 250 kVA Notstromaggregat mit einem 6 Zylinder IVECO-Turbodieselmotor. Es ist schalldicht verpackt und kann bei Ausfall der Stromversorgung aus dem Landesnetz per Hand oder aus dem Bergbahnwagen zugeschaltet werden. Automatisches Umschalten wurde verworfen, damit vorher die Ursache des Ausfalles geklärt werden kann.

Damit die Notausstiege einen Sinn ergeben, wurde entlang der Strecke auf der rechten Seite ein Rettungsweg aufgeschüttet über den man die Strecke in Richtung der Stationen verlassen kann. An den zwei Brücken der Strecke wurden dazu beidseitig neue Rettungswegbrücken angebaut.

Das Fahrgestell des Personenwagens und die Güterbühne wurden zur Aufarbeitung in das Schweizer Thun transportiert. Dort wurde auch die neue Antriebsanlage entwickelt und gebaut. Kurios, welchen Werdegang diese Firma in dem einen Jahr hatte. Der Vertrag wurde mit der Firma „Von Roll“ abgeschlossen. Entwickelt und gebaut hat es die Firma „Doppelmayr“. Die Schlussrechnung wurde an „Garaventa“ gezahlt. Immer der gleiche Betrieb und die gleichen Personen. Die großen „Stahlrahmen“ der beiden

Fahrgestelle erwiesen sich nach Materialproben als nicht schweißbares Material. Bei der Güterbühne ein Problem. Durch das Aufsitzen der umlaufenden Holzverkleidung war der obere Teil der Doppel-T-Träger abgerostet. Zum Glück konnten durch Spezialverfahren neue Obergurte aufgeschweißt werden. Sonst wäre eine neue Güterbühne nötig, leider nicht finanzierbar. Als Schlussfolgerung wurde die Holz- durch eine Aluminiumverkleidung ersetzt, was Gewicht sparte und dauerhaft sein würde.

Aufsatzwagen mit Notausstiegsleiter

Der Wagenkasten des Personenwagens und der Aufsatzwagen wurden bei der Mittenwalder Gerätebau GmbH völlig zerlegt und neu aufgebaut. Der Personenwagen erhielt Wärmedämmung und sein Holzrahmen wurde komplett mit nichtrostendem Edelstahl beplankt. Die Türen, teilweise erneuert, erhielten den selbst entwickelten elektrischen Türantrieb samt Steu-

Personenwagen auf einer der zwei Brücken

erung. Inzwischen war bekannt, dass das Seilbahnunglück in Kaprun durch einen Heizkörper verursacht worden war, weshalb einer neuen Heizung besondere Aufmerksamkeit galt. Die vorher installierte Sirokko-Dieselheizung durfte aus Sicherheits- und Umweltgründen nicht weiter betrieben werden. Es kam nur eine Elektroheizung als Ersatz in Frage. Handelsübliche Elektrospeicherheizkörper wurden zum Einbau in die Seilbahnwagen sicherheitstechnisch umgebaut. Die Speicherheizkörper werden in den Stationen aufgeheizt und geben während der Fahrt die Wärme wieder ab.
Die Elektroanlagen in Tal- und Bergstation wurden so umgebaut, dass entsprechend hohe Leistung zum Aufheizen verfügbar ist. Bei Einfahrt in die Stationen nehmen Stromabnehmer der Bergbahnwagen Kontakt mit dort angebrachten Stromschienen auf, so dass Heizung, Ladegeräte und Steuerung mit Netzstrom versorgt werden. Für den Fahrradtransport wurde bergseitig am ungefederten Fahrgestell des Personenwagens eine Transportbühne angebaut. Große Probleme bereitet der Transport von Rollstühlen. Sie können nur im Personenwagen eingeladen und befördert werden. Nur seine mittlere Tür ist dafür breit genug. Bis zur

Rekonstruktion wurden Rollstuhlfahrer die Treppen des Stufenbahnsteiges hochgetragen, bis zum Einstieg, unhaltbar. Verschiedene Vorschläge von Ingenieurbüros waren alle nicht umsetzbar. Eine eigene Idee brachte den Durchbruch. Die Bergstation musste talseitig vor dem Gebäude eine Fluchttreppe erhalten. Diese wurde mit einem kurzen Bahnsteig bis zum Gleis versehen, wo die Seilbahn handgesteuert passend anhalten könnte. In der Talstation eine ähnliche Situation, ein kleines Plateau vor der Station, in Höhe des bergseitigen Stationsausganges wird dafür als Bahnsteig genutzt. Die Zuwegungen wurden noch behindertengerecht ausgebaut und das Problem war gelöst. Die mittlere Wagentür erhielt noch einen Schlüsselschalter, so dass zwangsläufig der Bergbahnbediener vor Ort sein muss, wenn die mittlere Tür außerhalb der Bahnsteighallen geöffnet wird.

Gebäude und Bahnsteige wurden ebenfalls saniert. Bei der Schadensaufnahme vor Beginn der Arbeiten wurde festgestellt, dass sich im unteren Teil des Gleises die Schienen bis zu einem Zentimeter in ihrer Befestigung

---

Das schöne Fachwerk der Bergstation, unten die Stromschiene für Steuerung, Heizung und Ladegeräte

bewegen. Das zeigten metallisch blanke Stellen am Schienenfuß neben den Klemmplatten. Die Schienen ließen sich durch den verwendeten Oberbau K (Rippenplatte, Hakenschraube, Federring, Mutter) nicht festhalten. Wegen der Bremszangen der Fangbremse, die neben dem Schienenkopf entlangfahren, wurden die Hakenschrauben gekürzt und die Federringe bis zur Form einer Unterlegscheibe zusammengedrückt. So war die Federspannung weg. Abhilfe wurde durch Umbau der gesamten Strecke auf Oberbau KS ge-

---

Schienenbefestigung Oberbau KS mit Spannklemme, daneben abgelegt, die Klemmplatten des Oberbau K

schaffen. Dabei wurden die Klemmplatten durch Spannklemmen ersetzt, die eine etwa 20-fach höhere Spannkraft als die Federringe des Oberbau K haben. Der Umbau musste abschnittsweise mit Bedacht ausgeführt werden, damit sich keine Spannungen durch die Hangabtriebskraft (Neigung 24 %!) in den Schienen aufbauen. Das Gleis sollte alle Kräfte von den Fangbremsen, bis zum Halt, aufnehmen. Das musste getestet werden. Vorherige Betreiber hatten sich das zu Recht nicht getraut, da wurde nur die Auslösung geprüft. Bedenken bestanden, ob das Gleis halten oder eine Reibschweißung entstehen würde, da Schiene und Bremsbacken der Fangbremse aus fast gleichem Material bestehen.
Schließlich wurden alle Sicherheitseinrichtungen in Funktion getestet. Die spektakulärste Prüfung war die der Übergeschwindigkeitsauslösung der Fangbremsen durch Fliehkraftregler, das letzte Mittel bei Seilriss. Wie kann man so was simulieren? Viel schneller fahren, ohne Schlaffseil zu erzeugen. Dazu mussten alle Sicherheitseinrichtungen der Steuerung umgangen werden, da sie diese Prüfung verhindern würden. Die Antriebsmotoren wurden per Laptop direkt gesteuert. So die Geschwindigkeit der Bergbahn handgeregelt

erhöht, bis der Fliehkraftregler der Bergbahnwagen ansprach, die Fangbremsen auslöste und die Wagen sicher zum Stillstand brachte. Die Auslösung erfolgte bei 2,55 m/s, die fast 1,6-fache Normalgeschwindigkeit (1,6 m/s), mit Bremswegen von 1,0 … 1,2 m. Weitere spektakuläre Prüfungen waren das Bremsverhalten der Güterbühne beladen mit 27 t (gesamt 52 t). Es wurden alle Bremssysteme mit der zulässigen Geschwindigkeit von 1,0 m/s getestet. Dabei wurde nie Seilschlupf festgestellt. Bei Handauslösung der Fangbremse kamen die 52 t nach ca. 8 m zum Stehen. Diese und viele andere Prüfungen werden planmäßig jedes Jahr zur TÜV-Prüfung wiederholt. Am 15. Dezember 2002 ging die Bergbahn wieder in Betrieb.

Warum hielten die Seile nicht länger?

In der neuen Antriebsanlage gibt es eine digitale Anzeige zu den Antriebsmotoren, die u.a. den aktuellen Stromfluss in Ampere (A) anzeigt. Dabei sieht man an beiden Motoren kurze Sprünge um 25 A bei 400 V Drehstrom. Das bedeutet Leistungssprünge um fast 35 kW! Auf den Fahrweg abgeglichen, tritt das immer bei Bogenfahrt auf. Aha! Die Bergbahnachsen laufen auch bei Bogenfahrt geradeaus, bis sie mit dem doppelten

Spurkranz auf der Schiene festklemmen. Die erforderliche Antriebsleistung muss steigen, den gesamten Wagen ein minimales Stück herumziehen, um wieder ein kleines Stück fahren zu können. Es geht schwer, plötzlich wieder leicht und wieder schwer. Der Bogen wird im Polygonzug durchfahren. Bei Talfahrt bewirkt das Gewicht der Bergbahnwagen das. Bergauf überträgt das Seil diese Leistungssprünge. Es entstehen Längsschwingungen, die beim alten Antrieb Resonanz an den Treibscheiben erzeugten, da der Gleichstromnebenschlussmotor diese nicht kompensieren konnte. Der neue Antrieb reagiert fast mit Lichtgeschwindigkeit auf diese wechselnde Belastung und regelt die Schwingungen heraus. Die Ursache der Schwingungen kann man nicht beseitigen, aber eine 2002 eingebaute elektronisch gesteuerte Sprühschmierung auf die Schienenköpfe verbessert die Gleitfähigkeit der Räder auf dem Schienenkopf, ohne die Wirkung der Fangbremsen zu beeinträchtigen. Man sieht gelegentlich seitlich ausbrechende Schwingungen (flattern) des Seiles. Bei aufmerksamer Beobachtung kann man es bei Bergfahrt spüren, eine leichte Verzögerung und dann eine leichte Beschleunigung. Neuere Standseilbahnen haben Einzelräder, die den Bogen mit unterschiedlicher Geschwindigkeit durchfahren. Das erfordert aber eine andere Konstruktion der Fangbremsen. Diese Leistungssprünge haben beim alten Antrieb auf das Seil wie „das Zupfen an einem Wollfaden“ gewirkt. Auch die Biegung in alle vier Richtungen beim Durchlaufen der Treibscheiben ist nachteilig. Bei jeder Fahrt wurde das Seil in 75–100 kg schwere gusseiserne Seilführungsrollen abgelegt, die vom Stillstand auf Seilgeschwindigkeit beschleunigt werden mussten. Dabei rutscht das Seil zunächst darüber und schleift sich ab. All das verkürzte die Lebensdauer des Seiles, die durch die Anzahl an Drahtbrüchen bestimmt wird. Die neuen Seilrollen haben Gummieinlagen und sind aus leichtem Stahlblech oder Aluminium. Der neue Antrieb verhindert das „Zupfen“ und das neue kompaktierte Seil bewirkt eine bessere Kraftverteilung an den äußeren Drähten des Seiles bei Biegung. Der Erfolg zeigt sich am aktuellen Seil. Es wurde 2002 aufgelegt und hat 2020 noch keinerlei Drahtbrüche. Es ist noch kein Lebensende in Sicht.

Ein moderner Aufzug im historischen Gebäude?

Für Rollstuhlfahrer und bewegungseingeschränkte Personen war der Übergang zum Bahnsteig der Flachstrecke in Lichtenhain sehr problematisch. Nur ein Aufzug könnte das lösen. In dem historischen Gebäude fand sich dafür keine Möglichkeit. Der entscheidende Hinweis kam vom Denkmalschutz: „Baut doch einen freistehenden Aufzugsturm neben das Gebäude,

Aufzug mit allen Zugängen, Winter 2014

in Stahl und Glas". So wurde 2004 ein Aufzug mit 6 m Förderhöhe gebaut, der oben über Laufsteg den Zugang zum Flachstreckenbahnsteig herstellte und unten Zugang zum Rollstuhlbahnsteig der Standseilbahn und zum Hauptausgang bot. Ein neu geschaffener rollstuhlgerechter Weg zwischen Aufzug und oberen Parkplatz ergab zusätzlich einen bequemen Zugang. Die Bauarbeiten gestalteten sich schwierig, da zum Bau der Hang angeschnitten werden musste. Die Fun-

Aufzugsfundament wird vorbereitet

damentsole liegt etwa 12 m tiefer. Ein hoher Verbau war zur Sicherung notwendig. Im unteren Bereich wurde ein Fundament des über 9 m hohen Einfahrtportales freigelegt. Es bestand nur aus aufgestapelten Steinen ohne Verbund. Das wurde schnellstens durch Beton gesichert, um weiter bauen zu können.

Ein Cabrio für die Standseilbahn

Kontrollfahrten auf der leeren Güterbühne regten die Idee zum Bau eines Cabrios an. Nach Anfrage bei der Aufsichtsbehörde (EBA) gab es Zustimmung. Da die Güterbühne der eigentliche Bergbahnwagen mit allen notwendigen Teilen der Steuerung und Sicherheitseinrichtungen ist, gelten die aufgesetzten Wagen zum Personentransport nur als Transportbehälter. Diese kann man austauschen, soweit sie an Bedienung und Sicherheitstechnik angepasst sind. Ein ehemaliger Bauzugwagen wurde beschafft und als Grundlage verwendet. Ein mit Eisenbahn vertrautes Ingenieurbüro übernahm die Planung, die sich als recht schwierig erweisen sollte, da vieles anders als „Eisenbahn" war. Einstieg, Rettungstüren und Notabstieg aus 3 m Höhe mussten in der Anordnung mit dem geschlossenen Personenwagen übereinstimmen. Beim automatischen Halt in

Tal- und Bergstation musste alles passen. Die Türen sollten handbedient und ohne Klemm- oder Quetschgefahr gestaltet werden. Türverriegelung auf der Einstiegsseite und Türüberwachung auf der Notausstiegsseite waren Pflicht. Schräge Abdeckungen sollten das Setzen auf Steuerpult und Geräteschrank verhindern. Die Seitenwände sollten so hoch sein, dass man sicher stehen und beim Sitzen noch drüber schauen könnte. Seitenkräfte konnte man bei der Geschwindigkeit außer Acht lassen. Anders die Stirnseiten. Die mussten höher sein, damit im Falle des ungebremsten Auslösens der Sicherheitsbremse oder der Fangbremsen keiner „über Bord" gehen kann. Das wurde mit einem zusätzlichen Geländer gelöst, auf der Talseite 5 m über dem Gleis. Hebel für die Handauslösung der Fangbremsen und Steckverbindungen der Steuerpulte zur Güterbühne vervollständigten die sichere Bedienbarkeit. Bevor der Bau beginnen konnte wurden umfangreiche Risikoanalysen und Berechnungen ausgeführt. Bestuhlung, zulässige Personenzahl und verbleibende Sicherheit am Seil wurden ermittelt. Um die notwendige 8-fache Seilsicherheit zu gewährleisten und noch Fahrgäste mitnehmen zu können, wurde

entschieden, die komplette Druckluftbremsanlage und die Zugvorrichtungen zu entfernen. Als Kompromiss sollten die Puffer bleiben, um den Eisenbahnwagen noch zu erkennen. Das Cabrio ist ca. 1 m länger, 1 t schwerer und kann 2,8 t mehr Nutzlast aufnehmen als der Aufsatzwagen. Das sind 103 Personen gegenüber 72 Personen, bei deutlich besserer Aussicht. Das Dampflokwerk Meiningen begann 2007 mit dem Umbau und am 2. Mai 2008 wurde das Cabrio feierlich in Betrieb genommen.

Das Cabrio im Einsatz

Schwachstelle Gleis

Die Holzschwellen des Bergbahngleises sind die Schwachstelle und müssen häufig ersetzt werden. Mit einer Länge von mindestens 3 m sind sie schwer zu beschaffen. Weltweit erstmalig werden seit 2020 nach und nach Kunststoffschwellen entsprechender Länge eingebaut und so ein dauerhaft guter Zustand des Gleises gesichert.

Der Längenunterschied zum Cabrio ist hier sehr deutlich

Die Entwicklung der Flachstrecke

Die Strecke

Vor 1956: Oberweißbach erhielt nach der Inbetriebnahme ein zweites Gleis ohne Bahnsteig und ein zweites Ladegleis. Oberweißbach hat sich zum Wirtschaftsstandort entwickelt. 1979 erfolgte die Erneuerung der Fahrleitung. Nach umfangreichen Vorbereitungen wurden am 31. August und 1. September mit dem Lastenhubschrauber MI 8 in 8 Flugstunden entlang der Strecke 72 Betonmasten gesetzt. Sie ersetzen die Holzmasten. Die Fahrleitung wurde mittig angeordnet und als Straßenbahn-Einfachfahrleitung gestaltet. Als Folge mussten die Stromabnehmer aller vorhandenen Triebwagen umgebaut werden. 2002 wurden im Rahmen der Gesamtsanierung der Bergbahn Schwellen gewechselt und Schotter eingebracht. Der Güterschuppen Cursdorf wird abgerissen. Das ehemalige Ladegleis wird freigelegt, zurückgebaut und das Gelände angepasst. In Oberweißbach wird das letzte Ladegleis zurückgebaut. Die Strecke ist jetzt durchgehend eingleisig.

2004 wurden die Haltepunkte Oberweißbach-Dees-

bach und Cursdorf erneuert. Die alten Aufenthaltsgebäude wurden abgerissen und durch moderne Wartehäuser ersetzt. Neue Bahnsteige, beleuchtet, mit Bahnsteiguhr und Digitalanzeigen entsprechen den modernen Anforderungen.
2006 bis 2008 erfolgte eine grundlegende Erneuerung der Flachstrecke. Betonschwellen und durchgehend verschweißte Schienen wurden eingebaut, die Streckenentwässerung erneuert und verbessert.

Strecken und Gütergleise in Oberweißbach 1956

Das Betriebskonzept

Die Flachstrecke wird im „vereinfachten Nebenbahnbetrieb“ befahren. Damit darf nur ein Fahrzeug auf der Strecke sein. Abweichungen sind speziell zu regeln. Eine Besonderheit ist, dass jeder Zug über die Drehscheibe fahren muss.

Die Fahrzeuge

ET 479 201-6

Seit Inbetriebnahme der Bergbahn verrichtete der speziell dafür gebaute Elektrotriebwagen ET 188 531 seinen Dienst als Triebwagen und Zuglok. 1969 wurde er verschrottet. Vorher erfolgte noch die Umnummerierung auf das neue Nummernsystem der DR zum **ET 279 201-8**.

Als ET 279 201-8 wurde im Reichsbahnausbesserungswerk (RAW) Berlin-Schöneweide ein neuer Triebwagen als Ersatz gebaut. Das RAW führte zu der Zeit Hauptinstandsetzungen an Fahrzeugen der Berliner S-Bahn und an Straßenbahnen der Berliner Verkehrsbetriebe aus. So kamen bei der Neukonstruktion auch entsprechend vorhandene Teile zum Einsatz: EM 60 Fahrmotoren, Fahrschalter, Hauptschalter und Stromabnehmer von Straßenbahnen. Von der S-Bahn wurde folgendes verwendet: druckluftbetätigte Türen, Achsen, Seitenteile, Kompressor, Fenster und Frontpartie. Im Dezember 1970 wurde der Triebwagen ausgeliefert. 1982 baute man ihn bei der Hauptinstandsetzung nochmals um, u. a. auf Spitzensignale der DR-Einheitsbauart. Bis dahin hatte er Autoscheinwerfer. 1992 wurde er als ET 479 201-6 in das neue Fahrzeugnummernsystem eingeordnet. 2008 erfolgte ein großer Umbau mit Modernisierung in den Fahrzeugwerken Miraustrasse GmbH (FWM) Berlin.

ET 188 531, 1960 in Lichtenhain

ET 279 201-8 als Neubau 1970 im RAW Schöneweide

Die Türantriebe wurden elektrisch und so auch durch Rollstuhlfahrer bedienbar. Stromversorgung für Bordelektrik und Hilfsbetriebe erfolgt nun aus Wechselrichtern. Eine elektrische Luftheizung ersetzte die Bahnheizkörper und ermöglicht Warmhalten und Vorheizen. Ein Luftverdichter aus Großserienfahrzeugen ersetzte den bisher eingebauten „Exoten". Wesentlich sind neue LED-Spitzensignale, LED-Rücklichter und abblendbare Halogenscheinwerfer für gute Sicht auf die Strecke.

ET 479 203-2

Wegen des zunehmenden Touristenstroms wurde 1955 ein Straßenbahn-Triebwagen der Leipziger Verkehrsbetriebe beschafft. Er musste zu dem Zweck umgebaut werden, erhielt Puffer, eine Eisenbahn-Zugvorrichtung und außermittigen Stromabnehmer. Als ET 188 701 wurde er eingeordnet. 1963 wurde er bei der Hauptinstandsetzung im RAW Berlin-Schöneweide in eine moderne Form als Triebwagen umgebaut. Elektrik und Steuerung wurden umgebaut, um Doppeltrak-

ET 188 701, 1960 in Lichtenhain

Ehem. ET 188 701 als 279 203-4 im Jahr 1971 nach der Hauptinstandsetzung mit neuen Scheinwerfern und Vielfachkupplung

tion mit dem ET 188 531 zu ermöglichen. 1969 wurde er in ET 279 203-4 umnummeriert. Mit dieser Nummer wurde die ehemalige Straßenbahn 1984/1985 verschrottet und als Triebwagen „wieder aufgebaut". Neubauten darf das RAW nicht ausführen, aber der „Neuaufbau" ist möglich. Wie der ET 279 201 entsteht auch dieser Triebwagen aus Straßenbahn- und S-Bahn-Bauteilen. Das Aussehen entspricht dem Zustand des ET 279 201 nach dem Umbau 1982. 1992 erfolgt die Umnummerierung zum ET 479 203-2. 2008 wurde er bei FWM GmbH umgebaut, wie schon der ET 479 201-6.

ET 479 205-7

Um die hohen Fahrgastzahlen zu bewältigen, wurde in Doppeltraktion gefahren oder Steuerwagen zur Verstärkung eingesetzt. In Cursdorf konnte ja nicht umgesetzt werden. Verschiedenste Typen kamen im Laufe der Zeit als Steuerwagen zum Einsatz. 1974 wurde ein

---

Der 479 203 vor der Aufarbeitung am 10. Januar 2007 noch mit S-Bahn-Türgriffen.

ET 479 203-2 am 04.12.2008 in Lichtenhain nach der Modernisierung: Elektrische Türöffnung per Druckknopf und Wechselrichter für Heizung und Hilfsbetriebe

Triebwagenbeiwagen (VB 140 518) zum Steuerwagen ES 279 202-6 umgebaut. Da man mit zwei Triebwagen oft nicht auskam, wurde ein Dritter gefordert. So erfolgte vom 14.04.1983 bis 31.01.1984 im RAW Berlin Schöneweide der „Umbau" des ES 279 202-6 zum Triebwagen, nach dem gleichen Muster und baugleich mit dem ET 279 203-4. Auch er wurde neu gebaut und zum ET 279 205-9. 1992 erhielt er die neue Nummer ET 479 205-7. 2008 wurde er nicht wie die anderen beiden Triebwagen umgebaut, sondern stillgelegt, aber nicht verschrottet. 2015 stand die Entscheidung an, verschrotten oder zu einer Attraktion umbauen, zum Beispiel als „Olitätenwagen“. Der Erfolg des seit 2008 eingesetzten Cabrios legte die Idee nahe, so etwas für die Flachstrecke zu bauen. Ein neues Fahrzeug wäre durch die Zulassungsprozedur für Eisenbahnfahrzeuge nicht erschwinglich. Man könnte den Triebwagen umbauen, der bei Einhaltung des „Kriterienkatalog des Eisenbahnbundesamtes für Fahrzeugumbauten“ keine Neuzulassung bräuchte.

Olitätenwagen ET 479 205-7 mit ET 479 201-6 vor Lichtenhain

2015 wurde die FWM GmbH mit Konstruktion und Umbau beauftragt. Der Triebwagen sollte thematisch ausgestaltet werden, passend zur Olitäten-Region um Oberweißbach und bekam seinen Namen, „Olitätenwagen“. Die Region war im 17.–19. Jh. führend in der Herstellung von Arzneimitteln aus Pflanzenteilen. Er erhielt ein Glasdach, andere Sitzanordnung, einen Duftkasten und weitere Ausstattungsbesonderheiten. Ein Führerstand und die seitlichen Fenster wurden entfernt, er ist seitlich offen. Ein richtiges Cabrio ist wegen der Fahrleitung nicht möglich. Es bleibt ein Triebwagen, ohne eigenen Stromabnehmer, mit einem Führerstand. Der Einsatz muss immer in Doppeltraktion mit einem zweiten Triebwagen erfolgen, von dem er per Kabel den Fahrstrom erhält. Seit 2016 ist der Olitätenwagen im Einsatz und sehr beliebt.

Besonderheiten

Bei Doppeltraktion von zwei Triebwagen zieht immer das führende Fahrzeug den zweiten Triebwagen, der antriebslos mitfährt. Dabei wird nur der eigene Stromabnehmer genutzt, obwohl beide über ein

Schneepflug im Einsatz (2006)

Hochspannungskabel verbunden sind. Druckluftbremse und Steuerkabel für Türen u. a. verbinden beide zu einer Einheit. Ist der Olitätenwagen Zugfahrzeug, bekommt er den Fahrstrom über Kabel vom zweiten Fahrzeug.

Sonderfahrzeuge

Als Sonderfahrzeuge sind ein Schneepflug und ein Plattformwagen im Einsatz. Auf den Plattformwagen, einen umgebauten SKL-Anhänger, kann eine Hubarbeitsbühne aufgesetzt werden, wodurch ein Fahrleitungsmontagewagen entsteht. Als fahrleitungsunabhängiges Zugfahrzeug ist ein Rottenkraftwagen SKL 26 mit Ladekran vorhanden. Damit sind vielseitige Arbeiten zum Erhalt von Strecke und Anlagen möglich.

Besuchen Sie diese einzigartige Bahn und schauen Sie nun genauer hin, was zu sehen ist!

SKL und Hubarbeitsbühne bei Fahrleitungsarbeiten (2006)

Quellenverzeichnis

1) 1968, Die Entstehung der Oberweißbacher Bergbahn, Von Prof. Dr. Ing. Bäseler – Sammlung OBS; 2) 1998, Die Oberweißbacher Bergbahn, Michael Kurth, EK-Verlag; 3) 1921-08-27_Genehmigung_E.VI. 69.Nr4460_Bergbahn_als_Eisenbahn_300dpi-sw – Sammlung OBS; 4) Oberweißbacher Bergbahn; Höhen- und Lageplan, Blatt 1 bis 5; Aufgestellt, Lichtenhain im November 1919, Dr. Bäseler Regierungsbaurat – Sammlung OBS; 5) IvL 6690 BD, Ivl 6691 AA, Ivl 6691 AB, Ivl 6691 AH – DBAG, OBS; 6) Andenken an die Oberweißbacher Bergbahn, Steilste Bergseilbahn der Welt für normale Eisenbahnwagen. 10 Ansichtskarten mit interessanter Bahnbeschreibung u. Wegekarte, Druck und Verlag von R. Schmerbach, Oberweißbach – Beschreibung der Bahn von Ingenieur Timpe, Betriebsleiter und Vorstand der Oberweißbacher Bergbahn A.G. Sommer 1924 – Sammlung OBS; 7) Bergmann EW Ing.Büro Erfurt: Lastfall 2 Treiben, Leistungsdiagramm - Leistung an der Motorwelle; Stromverbrauchsdiagramm – Leistungen an den Klemmen des Umformers und der Batterie; ohne Datum, vermutlich 1919 – OBS; 8) Bergbahn Personenwagen, Gothaer Wagonfabrik Aktiengesellschaft, ohne Datum, vermutlich 1919 – OBS; 9) Aufstellungsplan Br.M.Dr 932, direktgekuppelt mit Dynamo GV300 (Aufstellungsplan für Gasölmotor mit Generator), ohne Datum, vermutlich 1921 – OBS; 10) Gasmotorenfabrik Deutz, Aufstellungsskizze Br.MD 932, 1921 – OBS; 11) Oberweißbacher Bergbahn, Antrieb und Maschinenraum, Zeichn. No. 50214, E.Heckel, Saarbrücken 1921 – OBS; 12) Fangvorrichtung (Güterbühne), Zeichng.No.50370, E.Heckel, Saarbrücken, Juli 1922 – OBS; 13) Schaltchema der Fernsteuerung für den Fördermotor, nicht bezeichnet, vermutlich Bergmann EW Ing.Büro Erfurt 1921 – OBS; 14) 1923-01-27_Genehmigung_Eröffnung_Personenverkehr_300dpi-sw – OBS; 15) 1949-03-30_Niederschrift_Uebergabe_OBS_an_RBD_Saalfeld – OBS; 16) Die Oberweißbacher Bergbahn, Eine Beschreibung der betriebs- und baulichen Anlagen aus dem Jahre 1946, Hanns Heppe – OBS; 17) DR, Rbd Erfurt, Verwaltung Maschinenwirtschaft; Mitteilung über technische Daten der Oberweißbacher Bergbahn; 08.11.1967 – OBS; 18) DR, Rbd Erfurt, Verwaltung der Maschinenwirtschaft; Einschätzung über die Struktur, die Betriebsführung und die Instandhaltung der

Oberweißbacher Bergbahn; 05.08.1971 – OBS; 19) Vermerk über Unfall wegen Seildehnung; Auswertung, rechnerische Nachweise, 11.11.1957 – OBS; 20) Zeichnung: Gesamtansicht EB 188 513; Deutsche Reichsbahn, Technisches Zentralamt, 1972 – OBS; 21) Allgemeines Eisenbahngesetz (AEG) Stand 27.12.1993 – Sammlung Autor; 22) Protokoll über die Beratung beim EBA, Ast. Erfurt, zum Weiterbetrieb der Standseilbahn Lichtenhain – Obstfelderschmiede am 11.04.1996 – OBS; 23) Protokoll über die Beratung beim EBA, Ast. Erfurt, zum Weiterbetrieb der Standseilbahn Lichtenhain – Obstfelderschmiede am 23.04.1996; 24) EBA Zentrale Bonn; Aufsicht des EBA über die Eisenbahn des Bundes – Oberweißbacher Bergbahn; 05.06.1996 – OBS; 25) EBA, Ast.Erfurt; Weiterführung der Erarbeitung eines neuen Regelwerkes – Zuständigkeiten der einzelnen Geschäftsbereiche; 24.03.1997; 26) Vereinigte Schmiedewerke GmbH; Angebot – Nr 253.6309, Seilrollen für Bergbahn Lichtenhain; Osnabrück, 24.02.1992 – OBS; 27) Bescheinigung über die wiederkehrende Frühjahrs-Prüfung der Standseilbahn Obstfelderschmiede-Lichtenhain vom 26.04.2001 – OBS; 28) DB RegioNetz, Ausführungsgenehmigung Oberweißbacher Bergbahn, 08.04.2002 – OBS; 29) Doppelmayr Seilbahnen, Instandhaltungsrichtlinie Oberweißbacher Bergbahn, Nov.2002 – OBS; 30) Betreibervorschriften für die Standseilbahn Obstfelderschmiede-Lichtenhain, gültig ab 01.03.1998, Deutsche Bahn AG, Geschäftsbereich Netz, Betriebsstandort Erfurt, Bereich Durchführung Saalfeld – OBS; 31) Doppelmayr Seilbahnen; Seil- und Leistungsberechnung SSB Obstfelderschmiede-Lichtenhain, 19.02.2002 – OBS; 32) Berechnungen: T.Friedrich, Sicherheitsbremse (nicht reguliert), 15.01.2002 – OBS; 33) Alle Genehmigungs- und Abnahmeunterlagen zur Rekonstruktion der Standseilbahn Obstfelderschmiede-Lichtenhain im Jahr 2002 OBS; 34) Bescheinigung über wiederkehrende Prüfung; 2013, 2018, 2020; TÜV Thüringen – OBS; 35) Befund der Seilprüfung 2020, DM 1, 25.11.2020 – OBS; 36) Fatzer, Drahtseiltechnik 3.01, 10/1995 – OBS; 37) Ausführungsplanung, Aufzug Lichtenhain 2004 – OBS; 38) Betriebsbücher ET 479 201, -203, -205 – OBS; 39) Raw Berlin Schöneweide; Zeichnungsunterlagen ET 279 – OBS; 40) Ausschreibungs- und Abnahmeunterlagen zur Rekonstruktion ET 479 201 und 203 – OBS; 41) Konstruktionsunterlagen für Umbau ET 479 205 zum Olitätenwagen – OBS; 42) Konstruktions- und TÜV-Abnahme-Unterlagen zum Cabrio-Aufsatzwagen – OBS

THÜRINGER
Bergbahn
thueringerbergbahn.com

Sicherheitsbremse	Doppelmayr 100 kN federbelastet, hydraulisch gelüftet, auf Antriebsscheiben wirkend (2 Stück)

Bergbahnwagen

Personenwagen	2 Achsen, Eigengewicht 26 t, Maximalgewicht 33,5 t, Länge 9,66 m, Breite 3,93 m Max. Beladung: 7,5 t – 100 Personen
Güterbühne	4 Achsen, Eigengewicht 25 t, Regelspurgleis 8,5 m, Maximalgewicht 52 t Länge 10,3 m, Breite 2,56 m ohne Bremsspindeln Max. Beladung: 27 t
Aufsatzwagen – geschlossen	Länge 10,2 m, Breite 2,58 m Eigengewicht 9,2 t Max. Beladung 5,4 t – 72 Personen Gesamtgewicht 14,6 t
Cabrio – offener Aufsatzwagen	Länge 11,27 m, Breite 2,38 m